U0155278

效率手册
Efficiency Manual

个人资料 Personal data

Name 姓名：_____

Mobile phone 手机：_____

E-mail 邮箱：_____

Company name 公司名称：_____

Company address 公司地址：_____

新的一年

我在 _____

希望我的 2024 是

_____

_____

不摧不移，
披荆斩棘。

每个跑者都坚韧无比，每个人内心都应燃起一团火焰，即使在艰难时刻也不会熄灭。

—— 莎拉妮·弗拉纳甘

2024 年度愿望清单

职场·人际

- [ ]
- [ ]
- [ ]
- [ ]
- [ ]
- [ ]

认知·提升

- [ ]
- [ ]
- [ ]
- [ ]
- [ ]
- [ ]

生活・管理

☐ --

☐ --

☐ --

☐ --

☐ --

☐ --

旅游・休闲

☐ --

☐ --

☐ --

☐ --

☐ --

☐ --

1月 JANUARY

一	二	三	四	五	六	日
1 元旦	2 廿一	3 廿二	4 廿三	5 廿四	6 小寒	7 廿六
8 廿七	9 廿八	10 廿九	11 腊月	12 初二	13 初三	14 初四
15 初五	16 初六	17 初七	18 腊八节	19 初九	20 大寒	21 十一
22 十二	23 十三	24 十四	25 十五	26 十六	27 十七	28 十八
29 十九	30 二十	31 廿一				

2月 FEBRUARY

一	二	三	四	五	六	日
			1 廿二	2 廿三	3 廿四	4 立春
5 廿六	6 廿七	7 廿八	8 廿九	9 除夕	10 春节	11 初二
12 初三	13 初四	14 初五	15 初六	16 初七	17 初八	18 初九
19 雨水	20 十一	21 十二	22 十三	23 十四	24 元宵节	25 十六
26 十七	27 十八	28 十九	29 二十			

3月 MARCH

一	二	三	四	五	六	日
				1 廿一	2 廿二	3 廿三
4 廿四	5 惊蛰	6 廿六	7 廿七	8 妇女节	9 廿九	10 二月
11 初二	12 植树节	13 初四	14 初五	15 初六	16 初七	17 初八
18 初九	19 初十	20 春分	21 十二	22 十三	23 十四	24 十五
25 十六	26 十七	27 十八	28 十九	29 二十	30 廿一	31 廿二

4月 APRIL

一	二	三	四	五	六	日
1 廿三	2 廿四	3 廿五	4 清明	5 廿七	6 廿八	7 廿九
8 三十	9 三月	10 初二	11 初三	12 初四	13 初五	14 初六
15 初七	16 初八	17 初九	18 初十	19 谷雨	20 十二	21 十三
22 十四	23 十五	24 十六	25 十七	26 十八	27 十九	28 二十
29 廿一	30 廿二					

5月 MAY

一	二	三	四	五	六	日
		1 劳动节	2 廿四	3 廿五	4 青年节	5 立夏
6 廿八	7 廿九	8 四月	9 初二	10 初三	11 初四	12 母亲节
13 初六	14 初七	15 初八	16 初九	17 初十	18 十一	19 十二
20 小满	21 十四	22 十五	23 十六	24 十七	25 十八	26 十九
27 二十	28 廿一	29 廿二	30 廿三	31 廿四		

6月 JUNE

一	二	三	四	五	六	日
					1 儿童节	2 廿六
3 廿七	4 廿八	5 芒种	6 五月	7 初二	8 初三	9 初四
10 端午节	11 初六	12 初七	13 初八	14 初九	15 初十	16 父亲节
17 十二	18 十三	19 十四	20 十五	21 夏至	22 十七	23 十八
24 十九	25 二十	26 廿一	27 廿二	28 廿三	29 廿四	30 廿五

7月   JULY

一	二	三	四	五	六	日
1 建党节	2 廿七	3 廿八	4 廿九	5 三十	6 小暑	7 初二
8 初三	9 初四	10 初五	11 初六	12 初七	13 初八	14 初九
15 初十	16 十一	17 十二	18 十三	19 十四	20 十五	21 十六
22 大暑	23 十八	24 十九	25 二十	26 廿一	27 廿二	28 廿三
29 廿四	30 廿五	31 廿六				

8月   AUGUST

一	二	三	四	五	六	日
			1 建军节	2 廿八	3 廿九	4 七月
5 初二	6 初三	7 立秋	8 初五	9 初六	10 七夕节	11 初八
12 初九	13 初十	14 十一	15 十二	16 十三	17 十四	18 十五
19 十六	20 十七	21 十八	22 处暑	23 二十	24 廿一	25 廿二
26 廿三	27 廿四	28 廿五	29 廿六	30 廿七	31 廿八	

9月   SEPTEMBER

一	二	三	四	五	六	日
						1 廿九
2 三十	3 八月	4 初二	5 初三	6 初四	7 白露	8 初六
9 初七	10 教师节	11 初九	12 初十	13 十一	14 十二	15 十三
16 十四	17 中秋节	18 十六	19 十七	20 十八	21 十九	22 秋分
23 廿一	24 廿二	25 廿三	26 廿四	27 廿五	28 廿六	29 廿七
30 廿八						

10月   OCTOBER

一	二	三	四	五	六	日
1 国庆节	2 三十	3 九月	4 初二	5 初三	6 初四	
7 初五	8 寒露	9 初七	10 初八	11 重阳节	12 初十	13 十一
14 十二	15 十三	16 十四	17 十五	18 十六	19 十七	20 十八
21 十九	22 二十	23 霜降	24 廿二	25 廿三	26 廿四	27 廿五
28 廿六	29 廿七	30 廿八	31 廿九			

11月   NOVEMBER

一	二	三	四	五	六	日
				1 十月	2 初二	3 初三
4 初四	5 初五	6 初六	7 立冬	8 初八	9 初九	10 初十
11 十一	12 十二	13 十三	14 十四	15 十五	16 十六	17 十七
18 十八	19 十九	20 二十	21 廿一	22 小雪	23 廿三	24 廿四
25 廿五	26 廿六	27 廿七	28 廿八	29 廿九	30 三十	

12月   DECEMBER

一	二	三	四	五	六	日
						1 十一月
2 初二	3 初三	4 初四	5 初五	6 大雪	7 初七	8 初八
9 初九	10 初十	11 十一	12 十二	13 十三	14 十四	15 十五
16 十六	17 十七	18 十八	19 十九	20 二十	21 冬至	22 廿二
23 廿三	24 廿四	25 廿五	26 廿六	27 廿七	28 廿八	29 廿九
30 三十	31 腊月					

2025 乙巳年

1月 JANUARY

一	二	三	四	五	六	日
		1 元旦	2 初三	3 初四	4 初五	5 小寒
6 初七	7 腊八节	8 初九	9 初十	10 十一	11 十二	12 十三
13 十四	14 十五	15 十六	16 十七	17 十八	18 十九	19 二十
20 大寒	21 廿二	22 廿三	23 廿四	24 廿五	25 廿六	26 廿七
27 廿八	28 除夕	29 春节	30 初二	31 初三		

2月 FEBRUARY

一	二	三	四	五	六	日
					1 初四	2 初五
3 立春	4 初七	5 初八	6 初九	7 初十	8 十一	9 十二
10 十三	11 十四	12 元宵节	13 十六	14 十七	15 十八	16 十九
17 二十	18 雨水	19 廿二	20 廿三	21 廿四	22 廿五	23 廿六
24 廿七	25 廿八	26 廿九	27 三十	28 二月		

3月 MARCH

一	二	三	四	五	六	日
					1 初二	2 初三
3 初四	4 初五	5 惊蛰	6 初七	7 初八	8 妇女节	9 初十
10 十一	11 十二	12 植树节	13 十四	14 十五	15 十六	16 十七
17 十八	18 十九	19 二十	20 春分	21 廿二	22 廿三	23 廿四
24 廿五	25 廿六	26 廿七	27 廿八	28 廿九	29 三月	30 初二
31 初三						

4月 APRIL

一	二	三	四	五	六	日
	1 初四	2 初五	3 初六	4 清明	5 初八	6 初九
7 初十	8 十一	9 十二	10 十三	11 十四	12 十五	13 十六
14 十七	15 十八	16 十九	17 二十	18 廿一	19 廿二	20 谷雨
21 廿四	22 廿五	23 廿六	24 廿七	25 廿八	26 廿九	27 三十
28 四月	29 初二	30 初三				

5月 MAY

一	二	三	四	五	六	日
			1 劳动节	2 初五	3 初六	4 青年节
5 立夏	6 初九	7 初十	8 十一	9 十二	10 十三	11 母亲节
12 十五	13 十六	14 十七	15 十八	16 十九	17 二十	18 廿一
19 廿二	20 廿三	21 小满	22 廿五	23 廿六	24 廿七	25 廿八
26 廿九	27 五月	28 初二	29 初三	30 初四	31 端午节	

6月 JUNE

一	二	三	四	五	六	日
						1 儿童节
2 初七	3 初八	4 初九	5 芒种	6 十一	7 十二	8 十三
9 十四	10 十五	11 十六	12 十七	13 十八	14 十九	15 父亲节
16 廿一	17 廿二	18 廿三	19 廿四	20 廿五	21 夏至	22 廿七
23 廿八	24 廿九	25 六月	26 初二	27 初三	28 初四	29 初五
30 初六						

7月 JULY

一	二	三	四	五	六	日
	1 建党节	2 初八	3 初九	4 初十	5 十一	6 十二
7 小暑	8 十四	9 十五	10 十六	11 十七	12 十八	13 十九
14 二十	15 廿一	16 廿二	17 廿三	18 廿四	19 廿五	20 廿六
21 廿七	22 大暑	23 廿九	24 三十	25 闰六月	26 初二	27 初三
28 初四	29 初五	30 初六	31 初七			

8月 AUGUST

一	二	三	四	五	六	日
				1 建军节	2 初九	3 初十
4 十一	5 十二	6 十三	7 立秋	8 十五	9 十六	10 十七
11 十八	12 十九	13 二十	14 廿一	15 廿二	16 廿三	17 廿四
18 廿五	19 廿六	20 廿七	21 廿八	22 廿九	23 处暑	24 初二
25 初三	26 初四	27 初五	28 初六	29 七夕节	30 初八	31 初九

9月 SEPTEMBER

一	二	三	四	五	六	日
1 初十	2 十一	3 十二	4 十三	5 十四	6 十五	7 白露
8 十七	9 十八	10 教师节	11 二十	12 廿一	13 廿二	14 廿三
15 廿四	16 廿五	17 廿六	18 廿七	19 廿八	20 廿九	21 三十
22 八月	23 秋分	24 初三	25 初四	26 初五	27 初六	28 初七
29 初八	30 初九					

10月 OCTOBER

一	二	三	四	五	六	日
		1 国庆节	2 十一	3 十二	4 十三	5 十四
6 中秋节	7 十六	8 寒露	9 十八	10 十九	11 二十	12 廿一
13 廿二	14 廿三	15 廿四	16 廿五	17 廿六	18 廿七	19 廿八
20 廿九	21 九月	22 初二	23 霜降	24 初四	25 初五	26 初六
27 初七	28 初八	29 重阳节	30 初十	31 十一		

11月 NOVEMBER

一	二	三	四	五	六	日
					1 十二	2 十三
3 十四	4 十五	5 十六	6 十七	7 立冬	8 十九	9 二十
10 廿一	11 廿二	12 廿三	13 廿四	14 廿五	15 廿六	16 廿七
17 廿八	18 廿九	19 三十	20 十月	21 初二	22 小雪	23 初四
24 初五	25 初六	26 初七	27 初八	28 初九	29 初十	30 十一

12月 DECEMBER

一	二	三	四	五	六	日
1 十二	2 十三	3 十四	4 十五	5 十六	6 十七	7 大雪
8 十九	9 二十	10 廿一	11 廿二	12 廿三	13 廿四	14 廿五
15 廿六	16 廿七	17 廿八	18 廿九	19 三十	20 十一月	21 冬至
22 初三	23 初四	24 初五	25 初六	26 初七	27 初八	28 初九
29 初十	30 十一	31 十二				

2024 年度计划表

一月	JANUARY	二月	FEBRUARY	三月	MARCH
1	元旦	1	廿二	1	廿一
2	廿一	2	廿三	2	廿二
3	廿二	3	廿四	3	廿三
4	廿三	4	立春	4	廿四
5	廿四	5	廿六	5	惊蛰
6	小寒	6	廿七	6	廿六
7	廿六	7	廿八	7	廿七
8	廿七	8	廿九	8	妇女节
9	廿八	9	除夕	9	廿九
10	廿九	10	春节	10	二月
11	腊月	11	初二	11	初二
12	初二	12	初三	12	植树节
13	初三	13	初四	13	初四
14	初四	14	初五	14	初五
15	初五	15	初六	15	初六
16	初六	16	初七	16	初七
17	初七	17	初八	17	初八
18	腊八节	18	初九	18	初九
19	初九	19	雨水	19	初十
20	大寒	20	十一	20	春分
21	十一	21	十二	21	十二
22	十二	22	十三	22	十三
23	十三	23	十四	23	十四
24	十四	24	元宵节	24	十五
25	十五	25	十六	25	十六
26	十六	26	十七	26	十七
27	十七	27	十八	27	十八
28	十八	28	十九	28	十九
29	十九	29	二十	29	二十
30	二十			30	廿一
31	廿一			31	廿二

四月	APRIL	五月	MAY	六月	JUNE
1	廿三	1	劳动节	1	儿童节
2	廿四	2	廿四	2	廿六
3	廿五	3	廿五	3	廿七
4	清明	4	青年节	4	廿八
5	廿七	5	立夏	5	芒种
6	廿八	6	廿八	6	五月
7	廿九	7	廿九	7	初二
8	三十	8	四月	8	初三
9	三月	9	初二	9	初四
10	初二	10	初三	10	端午节
11	初三	11	初四	11	初六
12	初四	12	母亲节	12	初七
13	初五	13	初六	13	初八
14	初六	14	初七	14	初九
15	初七	15	初八	15	初十
16	初八	16	初九	16	父亲节
17	初九	17	初十	17	十二
18	初十	18	十一	18	十三
19	谷雨	19	十二	19	十四
20	十二	20	小满	20	十五
21	十三	21	十四	21	夏至
22	十四	22	十五	22	十七
23	十五	23	十六	23	十八
24	十六	24	十七	24	十九
25	十七	25	十八	25	二十
26	十八	26	十九	26	廿一
27	十九	27	二十	27	廿二
28	二十	28	廿一	28	廿三
29	廿一	29	廿二	29	廿四
30	廿二	30	廿三	30	廿五
		31	廿四		

2024 年度计划表

七月	JULY	八月	AUGUST	九月	SEPTEMBER
1	建党节	1	建军节	1	廿九
2	廿七	2	廿八	2	三十
3	廿八	3	廿九	3	八月
4	廿九	4	七月	4	初二
5	三十	5	初二	5	初三
6	小暑	6	初三	6	初四
7	初二	7	立秋	7	白露
8	初三	8	初五	8	初六
9	初四	9	初六	9	初七
10	初五	10	七夕节	10	教师节
11	初六	11	初八	11	初九
12	初七	12	初九	12	初十
13	初八	13	初十	13	十一
14	初九	14	十一	14	十二
15	初十	15	十二	15	十三
16	十一	16	十三	16	十四
17	十二	17	十四	17	中秋节
18	十三	18	十五	18	十六
19	十四	19	十六	19	十七
20	十五	20	十七	20	十八
21	十六	21	十八	21	十九
22	大暑	22	处暑	22	秋分
23	十八	23	二十	23	廿一
24	十九	24	廿一	24	廿二
25	二十	25	廿二	25	廿三
26	廿一	26	廿三	26	廿四
27	廿二	27	廿四	27	廿五
28	廿三	28	廿五	28	廿六
29	廿四	29	廿六	29	廿七
30	廿五	30	廿七	30	廿八
31	廿六	31	廿八		

十月	OCTOBER	十一月	NOVEMBER	十二月	DECEMBER
1	国庆节	1	十月	1	十一月
2	三十	2	初二	2	初二
3	九月	3	初三	3	初三
4	初二	4	初四	4	初四
5	初三	5	初五	5	初五
6	初四	6	初六	6	大雪
7	初五	7	立冬	7	初七
8	寒露	8	初八	8	初八
9	初七	9	初九	9	初九
10	初八	10	初十	10	初十
11	重阳节	11	十一	11	十一
12	初十	12	十二	12	十二
13	十一	13	十三	13	十三
14	十二	14	十四	14	十四
15	十三	15	十五	15	十五
16	十四	16	十六	16	十六
17	十五	17	十七	17	十七
18	十六	18	十八	18	十八
19	十七	19	十九	19	十九
20	十八	20	二十	20	二十
21	十九	21	廿一	21	冬至
22	二十	22	小雪	22	廿二
23	霜降	23	廿三	23	廿三
24	廿二	24	廿四	24	廿四
25	廿三	25	廿五	25	廿五
26	廿四	26	廿六	26	廿六
27	廿五	27	廿七	27	廿七
28	廿六	28	廿八	28	廿八
29	廿七	29	廿九	29	廿九
30	廿八	30	三十	30	三十
31	廿九			31	腊月

2025 年度计划表

一月	JANUARY	二月	FEBRUARY	三月	MARCH
1	元旦	1	初四	1	初二
2	初三	2	初五	2	初三
3	初四	3	立春	3	初四
4	初五	4	初七	4	初五
5	小寒	5	初八	5	惊蛰
6	初七	6	初九	6	初七
7	腊八节	7	初十	7	初八
8	初九	8	十一	8	妇女节
9	初十	9	十二	9	初十
10	十一	10	十三	10	十一
11	十二	11	十四	11	十二
12	十三	12	元宵节	12	植树节
13	十四	13	十六	13	十四
14	十五	14	十七	14	十五
15	十六	15	十八	15	十六
16	十七	16	十九	16	十七
17	十八	17	二十	17	十八
18	十九	18	雨水	18	十九
19	二十	19	廿二	19	二十
20	大寒	20	廿三	20	春分
21	廿二	21	廿四	21	廿二
22	廿三	22	廿五	22	廿三
23	廿四	23	廿六	23	廿四
24	廿五	24	廿七	24	廿五
25	廿六	25	廿八	25	廿六
26	廿七	26	廿九	26	廿七
27	廿八	27	三十	27	廿八
28	除夕	28	二月	28	廿九
29	春节			29	三月
30	初二			30	初二
31	初三			31	初三

四月	APRIL	五月	MAY	六月	JUNE
1	初四	1	劳动节	1	儿童节
2	初五	2	初五	2	初七
3	初六	3	初六	3	初八
4	清明	4	青年节	4	初九
5	初八	5	立夏	5	芒种
6	初九	6	初九	6	十一
7	初十	7	初十	7	十二
8	十一	8	十一	8	十三
9	十二	9	十二	9	十四
10	十三	10	十三	10	十五
11	十四	11	母亲节	11	十六
12	十五	12	十五	12	十七
13	十六	13	十六	13	十八
14	十七	14	十七	14	十九
15	十八	15	十八	15	父亲节
16	十九	16	十九	16	廿一
17	二十	17	二十	17	廿二
18	廿一	18	廿一	18	廿三
19	廿二	19	廿二	19	廿四
20	谷雨	20	廿三	20	廿五
21	廿四	21	小满	21	夏至
22	廿五	22	廿五	22	廿七
23	廿六	23	廿六	23	廿八
24	廿七	24	廿七	24	廿九
25	廿八	25	廿八	25	六月
26	廿九	26	廿九	26	初二
27	三十	27	五月	27	初三
28	四月	28	初二	28	初四
29	初二	29	初三	29	初五
30	初三	30	初四	30	初六
		31	端午节		

2025 年度计划表

七月	JULY	八月	AUGUST	九月	SEPTEMBER
1	建党节	1	建军节	1	初十
2	初八	2	初九	2	十一
3	初九	3	初十	3	十二
4	初十	4	十一	4	十三
5	十一	5	十二	5	十四
6	十二	6	十三	6	十五
7	小暑	7	立秋	7	白露
8	十四	8	十五	8	十七
9	十五	9	十六	9	十八
10	十六	10	十七	10	教师节
11	十七	11	十八	11	二十
12	十八	12	十九	12	廿一
13	十九	13	二十	13	廿二
14	二十	14	廿一	14	廿三
15	廿一	15	廿二	15	廿四
16	廿二	16	廿三	16	廿五
17	廿三	17	廿四	17	廿六
18	廿四	18	廿五	18	廿七
19	廿五	19	廿六	19	廿八
20	廿六	20	廿七	20	廿九
21	廿七	21	廿八	21	三十
22	大暑	22	廿九	22	八月
23	廿九	23	处暑	23	秋分
24	三十	24	初二	24	初三
25	闰六月	25	初三	25	初四
26	初二	26	初四	26	初五
27	初三	27	初五	27	初六
28	初四	28	初六	28	初七
29	初五	29	七夕节	29	初八
30	初六	30	初八	30	初九
31	初七	31	初九		

十月	OCTOBER	十一月	NOVEMBER	十二月	DECEMBER
1	国庆节	1	十二	1	十二
2	十一	2	十三	2	十三
3	十二	3	十四	3	十四
4	十三	4	十五	4	十五
5	十四	5	十六	5	十六
6	中秋节	6	十七	6	十七
7	十六	7	立冬	7	大雪
8	寒露	8	十九	8	十九
9	十八	9	二十	9	二十
10	十九	10	廿一	10	廿一
11	二十	11	廿二	11	廿二
12	廿一	12	廿三	12	廿三
13	廿二	13	廿四	13	廿四
14	廿三	14	廿五	14	廿五
15	廿四	15	廿六	15	廿六
16	廿五	16	廿七	16	廿七
17	廿六	17	廿八	17	廿八
18	廿七	18	廿九	18	廿九
19	廿八	19	三十	19	三十
20	廿九	20	十月	20	十一月
21	九月	21	初二	21	冬至
22	初二	22	小雪	22	初三
23	霜降	23	初四	23	初四
24	初四	24	初五	24	初五
25	初五	25	初六	25	初六
26	初六	26	初七	26	初七
27	初七	27	初八	27	初八
28	初八	28	初九	28	初九
29	重阳节	29	初十	29	初十
30	初十	30	十一	30	十一
31	十一			31	十二

年度记录
记录那些重要的日子

1 月	Jan

2 月	Feb

5 月	May

6 月	Jun

9 月	Sept

10 月	Oct

3月	Mar

4月	Apr

7月	Jul

8月	Aug

11月	Nov

12月	Dec

一	二	三	四	五	六	日
1 元旦	2 廿一	3 廿二	4 廿三	5 廿四	6 小寒	7 廿六
8 廿七	9 廿八	10 廿九	11 腊月	12 初二	13 初三	14 初四
15 初五	16 初六	17 初七	18 腊八节	19 初九	20 大寒	21 十一
22 十二	23 十三	24 十四	25 十五	26 十六	27 十七	28 十八
29 十九	30 二十	31 廿一				

射 击

　　让你的专注力UP！射击运动可以促进手眼协调能力和提高反应速度，在射击运动中，下意识的快速自然反应和瞄扣配合，都会潜移默化中提高神经的协调性。经过长期地训练，手眼协调能力和反应速度将得到极大地提升。

1月

计划＼日期	1	2	3	4	5	6	7	8	9	10	11	12	13

一 MON	二 TUE	三 WED	四 THU
1 元旦	2 廿一	3 廿二	4 廿三
8 廿七	9 廿八	10 廿九	11 腊月
15 初五	16 初六	17 初七	18 腊八节
22 十二	23 十三	24 十四	25 十五
29 十九	30 二十	31 廿一	

14	15	16	17	18	19	20	21	22	23	24	25	26	27	28	29	30	31

五 FRI	六 SAT	日 SUN	待办事项 To Do
5 廿四	6 小寒	7 廿六	☐
12 初二	13 初三	14 初四	☐
19 初九	20 大寒	21 十一	☐
26 十六	27 十七	28 十八	☐
			☐

1 星期一
Monday
元旦

2 星期二
Tuesday
廿一

3 星期三
Wednesday
廿二

4 星期四
Thursday
廿三

5 星期五
Friday
廿四

---

6 星期六
Saturday
小寒

---

7 星期日
Sunday
廿六

8 星期一
Monday
廿七

9 星期二
Tuesday
廿八

10 星期三
Wednesday
廿九

11

星期四
Thursday
腊月

12

星期五
Friday
初二

13 星期六
Saturday
初三

14 星期日
Sunday
初四

15 星期一
Monday
初五

16 星期二
Tuesday
初六

17 **星 期 三**
Wednesday
初七

18 **星 期 四**
Thursday
腊八节

19 星期五
Friday
初九

20 星期六
Saturday
大寒

21

星期日
Sunday
十一

22

星期一
Monday
十二

23 星期二
Tuesday
十三

24 星期三
Wednesday
十四

25 星期四
Thursday
十五

----

26 星期五
Friday
十六

----

27 星期六
Saturday
十七

28 星期日
Sunday
十八

29 星期一
Monday
十九

30 星期二
Tuesday
二十

31 星期三
Monday
廿一

本月总结 SUMMARY

二月

一	二	三	四	五	六	日
			1 廿二	2 廿三	3 廿四	4 立春
5 廿六	6 廿七	7 廿八	8 廿九	9 除夕	10 春节	11 初二
12 初三	13 初四	14 初五	15 初六	16 初七	17 初八	18 初九
19 雨水	20 十一	21 十二	22 十三	23 十四	24 元宵节	25 十六
26 十七	27 十八	28 十九	29 二十			

滑 雪

　　当之无愧的最受欢迎冰雪类项目之一，迷倒一众年轻人的单板滑雪，又酷又帅又刺激。滑雪对心肺能力要求很高，平时有氧训练要跟上，跳跃动作能锻炼到腿部肌肉群以及核心肌群。

2月

计划＼日期	1	2	3	4	5	6	7	8	9	10	11	12	13

一 MON	二 TUE	三 WED	四 THU
			1 廿二
5 廿六	6 廿七	7 廿八	8 廿九
12 初三	13 初四	14 初五	15 初六
19 雨水	20 十一	21 十二	22 十三
26 十七	27 十八	28 十九	29 二十

14	15	16	17	18	19	20	21	22	23	24	25	26	27	28	29		

五 FRI	六 SAT	日 SUN	待办事项 To Do
2 廿三	3 廿四	4 立春	☐
9 除夕	10 春节	11 初二	☐ ☐
16 初七	17 初八	18 初九	☐
23 十四	24 元宵节	25 十六	☐ ☐

1 星期四
Thursday
廿二

2 星期五
Friday
廿三

3 星期六
Saturday
廿四

4 星期日
Sunday
立春

5 星期一
Monday
廿六

6 星期二
Tuesday
廿七

7

星期三
Wednesday
廿八

8

星期四
Thursday
廿九

9　星期五
Friday
除夕

10　星期六
Saturday
春节

11 星期日
Sunday
初二

12 星期一
Monday
初三

13 星期二
Tuesday
初四

14 星期三
Wednesday
初五

15 星期四
Thursday
初六

16 星期五
Friday
初七

17 星期六
Saturday
初八

18 星期日
Sunday
初九

19

星期一
Monday
雨水

20

星期二
Tuesday
十一

21

星期三
Wednesday
十二

22

星期四
Thursday
十三

23 星期五
Friday
十四

24 星期六
Saturday
元宵节

25 星期日
Sunday
十六

26 星期一
Monday
十七

27 星期二
Tuesday
十八

28 星期三
Wednesday
十九

29 星期四
Thursday
二十

2 月

本月总结 SUMMARY

身体跟得上梦想才能征服未知，拥有健康体魄才能拥抱热爱。

三月

一	二	三	四	五	六	日
				1 廿一	2 廿二	3 廿三
4 廿四	5 惊蛰	6 廿六	7 廿七	8 妇女节	9 廿九	10 二月
11 初二	12 植树节	13 初四	14 初五	15 初六	16 初七	17 初八
18 初九	19 初十	20 春分	21 十二	22 十三	23 十四	24 十五
25 十六	26 十七	27 十八	28 十九	29 二十	30 廿一	31 廿二

瑜　伽

　　向外感知的同时，也不要忘记向内探索。瑜伽，能够让人在喧嚣繁忙的城市生活中获得短暂的休憩与调适，抽离身体上的疲乏，进入安宁的内心世界；有利于精神与自然能量的联结，帮助找回自我与工作、生活的平衡状态。

3月

计划 \ 日期	1	2	3	4	5	6	7	8	9	10	11	12	13

一 MON	二 TUE	三 WED	四 THU
4 廿四	5 惊蛰	6 廿六	7 廿七
11 初二	12 植树节	13 初四	14 初五
18 初九	19 初十	20 春分	21 十二
25 十六	26 十七	27 十八	28 十九

14	15	16	17	18	19	20	21	22	23	24	25	26	27	28	29	30	31

五 FRI	六 SAT	日 SUN	待办事项 To Do
1 廿一	2 廿二	3 廿三	☐
8 妇女节	9 廿九	10 二月	☐
15 初六	16 初七	17 初八	☐
22 十三	23 十四	24 十五	☐
29 二十	30 廿一	31 廿二	☐

1 星期五
Friday
廿一

2 星期六
Saturday
廿二

3

星期日
Sunday
廿三

4

星期一
Monday
廿四

5 星期二
Tuesday
惊蛰

6 星期三
Wednesday
廿六

7

星期四
Thursday
廿七

8

星期五
Friday
妇女节

9 星期六
Saturday
廿九

10 星期日
Sunday
二月

11 星期一
Monday
初二

12 星期二
Tuesday
植树节

13 星期三
Wednesday
初四

14 星期四
Thursday
初五

15 星期五
Friday
初六

16 星期六
Saturday
初七

17 星期日
Sunday
初八

3月
月

18 星期一
Monday
初九

19

星期二
Tuesday
初十

20

星期三
Wednesday
春分

21

星期四
Thursday
十二

22

星期五
Friday
十三

23 星期六
Saturday
十四

24 星期日
Sunday
十五

25 星期一
Monday
十六

26 星期二
Tuesday
十七

27 星期三
Wednesday
十八

28 星期四
Thursday
十九

3
月

29 星期五
Friday
二十

30 星期六
Saturday
廿一

31

星期日
Sunday
廿二

本月总结 SUMMARY

四月

一	二	三	四	五	六	日
1 廿三	**2** 廿四	**3** 廿五	**4** 清明	**5** 廿七	6 廿八	7 廿九
8 三十	**9** 三月	**10** 初二	**11** 初三	**12** 初四	13 初五	14 初六
15 初七	**16** 初八	**17** 初九	**18** 初十	**19** 谷雨	20 十二	21 十三
22 十四	**23** 十五	**24** 十六	**25** 十七	**26** 十八	27 十九	28 二十
29 廿一	**30** 廿二					

骑 行

　　骑行的意义不仅在于低碳生活、绿色出行，更在于在这过程中，贴近和了解自己生活的地方，穿行于街巷之中，感受人间烟火；不是急匆匆地赶往某地，而是享受眼前的美好，感受空气的流淌，心在风中的跳动。春暖花开，最是户外骑行的好时机，速速出门拥抱春天吧！

4月

计划　　　日期	1	2	3	4	5	6	7	8	9	10	11	12	13

一 MON	二 TUE	三 WED	四 THU
1 廿三	2 廿四	3 廿五	4 清明
8 三十	9 三月	10 初二	11 初三
15 初七	16 初八	17 初九	18 初十
22 十四	23 十五	24 十六	25 十七
29 廿一	30 廿二		

14	15	16	17	18	19	20	21	22	23	24	25	26	27	28	29	30	

五 FRI	六 SAT	日 SUN	待办事项 To Do
5 廿七	6 廿八	7 廿九	☐
12 初四	13 初五	14 初六	☐
19 谷雨	20 十二	21 十三	☐
26 十八	27 十九	28 二十	☐
			☐
			☐

1　星期一
Monday
廿三

2　星期二
Tuesday
廿四

3

星期三
Wednesday
廿五

4

星期四
Thursday
清明

5 星期五
Friday
廿七

6 星期六
Saturday
廿八

7 星期日
Sunday
廿九

8 星期一
Monday
三十

9 星期二
Tuesday
三月

10 星期三
Wednesday
初二

11 星期四
Thursday
初三

4月
月

12 星期五
Friday
初四

13 星期六
Saturday
初五

4
月

14 星期日
Sunday
初六

15 星期一
Monday
初七

4
月

16 星期二
Tuesday
初八

17

星期三
Wednesday
初九

4
月

18

星期四
Thursday
初十

19 星期五
Friday
谷雨

20 星期六
Saturday
十二

21　星期日
Sunday
十三

22　星期一
Monday
十四

23 星期二
Tuesday
十五

24 星期三
Wednesday
十六

25 星期四
Thursday
十七

26 星期五
Friday
十八

27 星期六
Saturday
十九

28 星期日
Sunday
二十

29 星期一
Monday
廿一

30 星期二
Tuesday
廿二

将生活调至健康频道。

五月

一	二	三	四	五	六	日
		1 劳动节	2 廿四	3 廿五	4 青年节	5 立夏
6 廿八	7 廿九	8 四月	9 初二	10 初三	11 初四	12 母亲节
13 初六	14 初七	15 初八	16 初九	17 初十	18 十一	19 十二
20 小满	21 十四	22 十五	23 十六	24 十七	25 十八	26 十九
27 二十	28 廿一	29 廿二	30 廿三	31 廿四		

飞 盘

　　草系多巴胺运动，热度一直持续不下，没尝试过的朋友们赶紧安排起来！热爱潮流运动的你，可以在合适的场地随性地玩耍，也可以加入到竞技比赛中，感受在奔跑中尽情释放、大汗淋漓的快乐。

5月

计划　　　　日期	1	2	3	4	5	6	7	8	9	10	11	12	13

一 MON	二 TUE	三 WED	四 THU
		1 劳动节	2 廿四
6 廿八	7 廿九	8 四月	9 初二
13 初六	14 初七	15 初八	16 初九
20 小满	21 十四	22 十五	23 十六
27 二十	28 廿一	29 廿二	30 廿三

14	15	16	17	18	19	20	21	22	23	24	25	26	27	28	29	30	31

五 FRI	六 SAT	日 SUN	待办事项 To Do
3 廿五	4 青年节	5 立夏	☐
10 初三	11 初四	12 母亲节	☐
17 初十	18 十一	19 十二	☐
24 十七	25 十八	26 十九	☐
31 廿四			☐

1
星期三
Wednesday
劳动节

2
星期四
Thursday
廿四

3 星期五
Friday
廿五

5
月

4 星期六
Saturday
青年节

5 星期日
Sunday
立夏

5
月

6 星期一
Monday
廿八

7

星期二
Tuesday
廿九

8

星期三
Wednesday
四月

9

星期四
Thursday
初二

5
月

10

星期五
Friday
初三

11 星期六
Saturday
初四

12 星期日
Sunday
母亲节

13 星期一
Monday
初六

5月

14 星期二
Tuesday
初七

15 星期三
Wednesday
初八

5
月

16 星期四
Thursday
初九

17 星期五
Friday
初十

18 星期六
Saturday
十一

19 星期日
Sunday
十二

5
月

20 星期一
Monday
小满

21 星期二
Tuesday
十四

5
月

22 星期三
Wednesday
十五

23 **星期四**
Thursday
十六

24 **星期五**
Friday
十七

25 星期六
Saturday
十八

26 星期日
Sunday
十九

27 星期一
Monday
二十

28 星期二
Tuesday
廿一

29 星期三
Wednesday
廿二

5
月

30 星期四
Thursday
廿三

31 星期五
Friday
廿四

5
月

本月总结 SUMMARY

六月

六月/JUNE

一	二	三	四	五	六	日
					1 儿童节	2 廿六
3 廿七	4 廿八	5 芒种	6 五月	7 初二	8 初三	9 初四
10 端午节	11 初六	12 初七	13 初八	14 初九	15 初十	16 父亲节
17 十二	18 十三	19 十四	20 十五	21 夏至	22 十七	23 十八
24 十九	25 二十	26 廿一	27 廿二	28 廿三	29 廿四	30 廿五

尊 巴

快乐又自由的运动，不管你上一秒经历了什么，尊巴会让你这一秒就快乐起来！作为低冲击的有氧舞蹈，尊巴融合了桑巴、恰恰、探戈等多元舞种，节奏欢快明朗，身体热情律动，释放压力也尽情释放自己。

6 月

计划 日期	1	2	3	4	5	6	7	8	9	10	11	12	13

一 MON	二 TUE	三 WED	四 THU
3 廿七	4 廿八	5 芒种	6 五月
10 端午节	11 初六	12 初七	13 初八
17 十二	18 十三	19 十四	20 十五
24 十九	25 二十	26 廿一	27 廿二

14	15	16	17	18	19	20	21	22	23	24	25	26	27	28	29	30	

五 FRI	六 SAT	日 SUN	待办事项 To Do
			☐
	1 儿童节	2 廿六	
			☐
7 初二	8 初三	9 初四	☐
			☐
14 初九	15 初十	16 父亲节	
			☐
21 夏至	22 十七	23 十八	☐
28 廿三	29 廿四	30 廿五	

1 星期六
Saturday
儿童节

6
月

2 星期日
Sunday
廿六

3

星期一
Monday
廿七

4

星期二
Tuesday
廿八

5 星期三
Wednesday
芒种

6 星期四
Thursday
五月

7 星期五
Friday
初二

8 星期六
Saturday
初三

9 星期日
Sunday
初四

6月

10 星期一
Monday
端午节

11 星期二
Tuesday
初六

6
月

12 星期三
Wednesday
初七

13 星期四
Thursday
初八

6
月

14 星期五
Friday
初九

15 星期六
Saturday
初十

----

16 星期日
Sunday
父亲节

17 星期一
Monday
十二

6
月

18 星期二
Tuesday
十三

19 星期三
Wednesday
十四

20 星期四
Thursday
十五

21 星期五
Friday
夏至

6
月

22 星期六
Saturday
十七

23 星期日
Sunday
十八

24 星期一
Monday
十九

25 星期二
Tuesday
二十

6
月

26 星期三
Wednesday
廿一

27 星期四
Thursday
廿二

6
月

28 星期五
Friday
廿三

29 星期六
Saturday
廿四

6
月

30 星期日
Sunday
廿五

赎回马甲线的夏天。

七月

一	二	三	四	五	六	日
1 建党节	2 廿七	3 廿八	4 廿九	5 三十	6 小暑	7 初二
8 初三	9 初四	10 初五	11 初六	12 初七	13 初八	14 初九
15 初十	16 十一	17 十二	18 十三	19 十四	20 十五	21 十六
22 大暑	23 十八	24 十九	25 二十	26 廿一	27 廿二	28 廿三
29 廿四	30 廿五	31 廿六				

游　泳

　　游泳是非常适合夏季的运动，可以有效地消耗热量，提高身体的新陈代谢。同时可以让身体得到深度的舒展，帮助减轻身体疲劳，缓解心理压力。

7月

计划 \ 日期	1	2	3	4	5	6	7	8	9	10	11	12	13

一 MON	二 TUE	三 WED	四 THU
1 建党节	2 廿七	3 廿八	4 廿九
8 初三	9 初四	10 初五	11 初六
15 初十	16 十一	17 十二	18 十三
22 大暑	23 十八	24 十九	25 二十
29 廿四	30 廿五	31 廿六	

July

14	15	16	17	18	19	20	21	22	23	24	25	26	27	28	29	30	31

五 FRI	六 SAT	日 SUN	待办事项 To Do
5 三十	6 小暑	7 初二	☐
12 初七	13 初八	14 初九	☐
19 十四	20 十五	21 十六	☐
26 廿一	27 廿二	28 廿三	☐
			☐

1 星期一
Monday
建党节

7月

2 星期二
Tuesday
廿七

3

星期三
Wednesday
廿八

4

星期四
Thursday
廿九

5

星期五
Friday
三十

6

星期六
Saturday
小暑

7

星期日
Sunday
初二

8

星期一
Monday
初三

9 星期二
Tuesday
初四

7
月

10 星期三
Wednesday
初五

11

星期四
Thursday
初六

12

星期五
Friday
初七

13　星期六
Saturday
初八

14　星期日
Sunday
初九

15 星期一
Monday
初十

16 星期二
Tuesday
十一

17 星期三
Wednesday
十二

18 星期四
Thursday
十三

19 星期五
Friday
十四

20 星期六
Saturday
十五

21 星期日
Sunday
十六

7
月

22 星期一
Monday
大暑

23 星期二
Tuesday
十八

24 星期三
Wednesday
十九

7月
月

25 星期四
Thursday
二十

7
月

26 星期五
Friday
廿一

27 星期六
Saturday
廿二

28 星期日
Sunday
廿三

29 星期一
Monday
廿四

30 星期二
Tuesday
廿五

31

星期三
Wednesday
廿六

本月总结 SUMMARY

八月

一	二	三	四	五	六	日
			1 建军节	2 廿八	3 廿九	4 七月
5 初二	6 初三	7 立秋	8 初五	9 初六	10 七夕节	11 初八
12 初九	13 初十	14 十一	15 十二	16 十三	17 十四	18 十五
19 十六	20 十七	21 十八	22 处暑	23 二十	24 廿一	25 廿二
26 廿三	27 廿四	28 廿五	29 廿六	30 廿七	31 廿八	

滑 冰

太cool啦！它是炎炎夏日的清爽体验。跟随音乐，以优雅、流畅的弧线滑过冰面，带来艺术和感官的享受，滑冰能很好地锻炼平衡能力和身体协调能力，同时跳跃、旋转等动作也十分考验柔韧性和弹跳力。

8月

计划＼日期	1	2	3	4	5	6	7	8	9	10	11	12	13

一 MON	二 TUE	三 WED	四 THU
			1 建军节
5 初二	6 初三	7 立秋	8 初五
12 初九	13 初十	14 十一	15 十二
19 十六	20 十七	21 十八	22 处暑
26 廿三	27 廿四	28 廿五	29 廿六

14	15	16	17	18	19	20	21	22	23	24	25	26	27	28	29	30	31

五 FRI	六 SAT	日 SUN	待办事项 To Do
2 廿八	3 廿九	4 七月	☐
9 初六	10 七夕节	11 初八	☐
16 十三	17 十四	18 十五	☐
23 二十	24 廿一	25 廿二	☐
30 廿七	31 廿八		☐

1 星期四
Thursday
建军节

2 星期五
Friday
廿八

8
月

3

星期六
Saturday
廿九

4

星期日
Sunday
七月

8月

5 星期一
Monday
初二

6 星期二
Tuesday
初三

7

星期三
Wednesday
立秋

8

星期四
Thursday
初五

8
月

9

星期五
Friday
初六

10

星期六
Saturday
七夕节

11 星期日
Sunday
初八

---

12 星期一
Monday
初九

13 星期二
Tuesday
初十

14 星期三
Wednesday
十一

15 星期四
Thursday
十二

16 星期五
Friday
十三

17 星期六
Saturday
十四

18 星期日
Sunday
十五

19

星期一
Monday
十六

20

星期二
Tuesday
十七

21

星期三
Wednesday
十八

22

星期四
Thursday
处暑

23 **星期五**
Friday
二十

24 **星期六**
Saturday
廿一

25 星期日
Sunday
廿二

26 星期一
Monday
廿三

27 星期二
Tuesday
廿四

28 星期三
Wednesday
廿五

29 星期四
Thursday
廿六

---

30 星期五
Friday
廿七

8月

31 星期六
Saturday
廿八

本月总结 SUMMARY

九月

一	二	三	四	五	六	日
						1 廿九
2 三十	3 八月	4 初二	5 初三	6 初四	7 白露	8 初六
9 初七	10 教师节	11 初九	12 初十	13 十一	14 十二	15 十三
16 十四	17 中秋节	18 十六	19 十七	20 十八	21 十九	22 秋分
23 廿一	24 廿二	25 廿三	26 廿四	27 廿五	28 廿六	29 廿七
30 廿八						

徒步登山

　　走吧！别宅！让徒步登山治愈一切不开心。徒步登山是一种追求自然和探索未知的健康运动，无论身在何处，走进大自然、放松身心，是每个人内心深处的向往。在行走中，不断地挑战身体极限，让你的体能和意志力得到了锻炼，同时也更加坚定了你对生命的热爱。

9 月

计划＼日期	1	2	3	4	5	6	7	8	9	10	11	12	13

一 MON	二 TUE	三 WED	四 THU
2 三十	3 八月	4 初二	5 初三
9 初七	10 教师节	11 初九	12 初十
16 十四	17 中秋节	18 十六	19 十七
30 廿八	23 廿一 24 廿二	25 廿三	26 廿四

14	15	16	17	18	19	20	21	22	23	24	25	26	27	28	29	30	

五 FRI	六 SAT	日 SUN	待办事项 To Do
		1 廿九	☐
6 初四	7 白露	8 初六	☐
13 十一	14 十二	15 十三	☐
20 十八	21 十九	22 秋分	☐
27 廿五	28 廿六	29 廿七	☐

1 星期日
Sunday
廿九

---

2 星期一
Monday
三十

3 星期二
Tuesday
八月

4 星期三
Wednesday
初二

5 星期四
Thursday
初三

6 星期五
Friday
初四

7 星期六
Saturday
白露

8 星期日
Sunday
初六

9 星期一
Monday
初七

10 星期二
Tuesday
教师节

11 星期三
Wednesday
初九

12 星期四
Thursday
初十

13 星期五
Friday
十一

14 星期六
Saturday
十二

15 星期日
Sunday
十三

16 星期一
Monday
十四

17

星期二
Tuesday
中秋节

18

星期三
Wednesday
十六

---

19 星期四
Thursday
十七

20 星期五
Friday
十八

21 **星期六**
Saturday
十九

22 **星期日**
Sunday
秋分

23 星期一
Monday
廿一

24 星期二
Tuesday
廿二

25 星期三
Wednesday
廿三

26 星期四
Thursday
廿四

27 星期五
Friday
廿五

28 星期六
Saturday
廿六

29 星期日
Sunday
廿七

---

30 星期一
Monday
廿八

9月

汗水是灵魂和身体的聊天记录。

十月

一	二	三	四	五	六	日
	1 国庆节	2 三十	3 九月	4 初二	5 初三	6 初四
7 初五	8 寒露	9 初七	10 初八	11 重阳节	12 初十	13 十一
14 十二	15 十三	16 十四	17 十五	18 十六	19 十七	20 十八
21 十九	22 二十	23 霜降	24 廿二	25 廿三	26 廿四	27 廿五
28 廿六	29 廿七	30 廿八	31 廿九			

拳 击

　　天气渐凉，慢慢转换成室内运动吧。拳击不仅可以减脂塑形，锻炼心肺体能，也是超级解压的一种运动方式。痛快的出拳，打碎生活和工作上的压力，把沙袋当成"讨厌鬼"，将不开心统统都打跑。

10 月

计划＼日期	1	2	3	4	5	6	7	8	9	10	11	12	13

一 MON	二 TUE	三 WED	四 THU
	1 国庆节	2 三十	3 九月
7 初五	8 寒露	9 初七	10 初八
14 十二	15 十三	16 十四	17 十五
21 十九	22 二十	23 霜降	24 廿二
28 廿六	29 廿七	30 廿八	31 廿九

October

14	15	16	17	18	19	20	21	22	23	24	25	26	27	28	29	30	31

五 FRI	六 SAT	日 SUN	待办事项 To Do
4 初二	5 初三	6 初四	☐
11 重阳节	12 初十	13 十一	☐ ☐
18 十六	19 十七	20 十八	☐
25 廿三	26 廿四	27 廿五	☐ ☐

1

星期二
Tuesday
国庆节

2

星期三
Wednesday
三十

---

3 星期四
Thursday
九月

4 星期五
Friday
初二

5

星期六
Saturday
初三

6

星期日
Sunday
初四

7

星期一
Monday
初五

8

星期二
Tuesday
霜降

9

星期三
Wednesday
初七

10

星期四
Thursday
初八

11 　星期五
　　Friday
　　重阳节

- -

- -

- -

- -

- -

12 　星期六
　　Saturday
　　初十

- -

- -

- -

- -

- -

10
月

13 星期日
Sunday
十一

14 星期一
Monday
十二

15　星期二
Tuesday
十三

16　星期三
Wednesday
十四

17 星期四
Thursday
十五

18 星期五
Friday
十六

19 星期六
Saturday
十七

20 星期日
Sunday
十八

21 星期一
Monday
十九

----

22 星期二
Tuesday
二十

----

23 星期三
Wordnesday
廿一

24 星期四
Thursday
廿二

25 星期五
Friday
廿三

----

26 星期六
Saturday
廿四

27 　星期日
Sunday
廿五

28 　星期一
Monday
廿六

29 星期二
Tuesday
廿七

30 星期三
Wednesday
廿八

10
月

31

星期四
Thursday
廿九

本月总结 SUMMARY

十一月

一	二	三	四	五	六	日
				1 十月	2 初二	3 初三
4 初四	5 初五	6 初六	7 立冬	8 初八	9 初九	10 初十
11 十一	12 十二	13 十三	14 十四	15 十五	16 十六	17 十七
18 十八	19 十九	20 二十	21 廿一	22 小雪	23 廿三	24 廿四
25 廿五	26 廿六	27 廿七	28 廿八	29 廿九	30 三十	

慢　跑

　　慢跑能给自己创造放松身心的独处时间和空间，能够放飞思绪。尤其对于每日久坐的都市上班族和学生而言，更是一场身体与灵魂的慢疗之旅。

11月

计划＼日期	1	2	3	4	5	6	7	8	9	10	11	12	13

一 MON	二 TUE	三 WED	四 THU
4 初四	5 初五	6 初六	7 立冬
11 十一	12 十二	13 十三	14 十四
18 十八	19 十九	20 二十	21 廿一
25 廿五	26 廿六	27 廿七	28 廿八

14	15	16	17	18	19	20	21	22	23	24	25	26	27	28	29	30	

五 FRI	六 SAT	日 SUN	待办事项 To Do
1 十月	2 初二	3 初三	☐
8 初八	9 初九	10 初十	☐
15 十五	16 十六	17 十七	☐
22 小雪	23 廿三	24 廿四	☐
29 廿九	30 三十		☐

1

星期五
Friday
十月

2

星期六
Saturday
初二

---

3 星期日
Sunday
初三

4 星期一
Monday
初四

5 星期二
Tuesday
初五

6 星期三
Wednesday
初六

7 星期四
Thursday
立冬

8 星期五
Friday
初八

9

星期六
Saturday
初九

10

星期日
Sunday
初十

11 星期一
Monday
十一

12 星期二
Tuesday
十二

13 星期三
Wednesday
十三

14 星期四
Thursday
十四

15 星期五
Friday
十五

16 星期六
Saturday
十六

17 星期日
Sunday
十七

18 星期一
Monday
十八

19

星期二
Tuesday
十九

20

星期三
Wednesday
二十

21

星期四
Thursday
廿一

22

星期五
Friday
小雪

23 星期六
Saturday
廿三

24 星期日
Sunday
廿四

25 星期一
Monday
廿五

26 星期二
Tuesday
廿六

27 星期三
Wednesday
廿七

28 星期四
Thursday
廿八

29 星期五
Friday
廿九

30 星期六
Saturday
三十

用健身讨好自己，用性格征服他人。

十二月

一	二	三	四	五	六	日
						1 十一月
2 初二	3 初三	4 初四	5 初五	6 大雪	7 初七	8 初八
9 初九	10 初十	11 十一	12 十二	13 十三	14 十四	15 十五
16 十六	17 十七	18 十八	19 十九	20 二十	21 冬至	22 廿二
23 廿三	24 廿四	25 廿五	26 廿六	27 廿七	28 廿八	29 廿九
30 三十	31 腊月					

室内攀岩

　　向上而行，攀登不息，在陡峭的岩壁上，攀岩者灵巧地从一个支点攀爬、腾挪、跳跃到另一个支点，同时迸发出力量的火花。攀岩需要手脚负荷自身重量，有助于身体平衡发展，增强体力。攀岩还需要全部注意力集中在岩壁上，对集中力培养大有益处。

12 月

计划 \ 日期	1	2	3	4	5	6	7	8	9	10	11	12	13

一 MON	二 TUE	三 WED	四 THU
2 初二	3 初三	4 初四	5 初五
9 初九	10 初十	11 十一	12 十二
16 十六	17 十七	18 十八	19 十九
23 廿三 / 30 三十	24 廿四 / 31 腊月	25 廿五	26 廿六

14	15	16	17	18	19	20	21	22	23	24	25	26	27	28	29	30	31

五 FRI	六 SAT	日 SUN	待办事项 To Do
		1 十一月	☐
6 大雪	7 初七	8 初八	☐ ☐
13 十三	14 十四	15 十五	☐
20 二十	21 冬至	22 廿二	☐
27 廿七	28 廿八	29 廿九	

1
星期日
Sunday
十一月

2
星期一
Monday
初二

3

星期二
Tuesday
初三

4

星期三
Wednesday
初四

5 **星期四**
Thursday
初五

6 **星期五**
Friday
大雪

7 星期六
Saturday
初七

8 星期日
Sunday
初八

9

星期一
Monday
初九

10

星期二
Tuesday
初十

11

星期三
Wednesday
十一

12

星期四
Thursday
十二

13

星期五
Friday
十三

14

星期六
Saturday
十四

15　星期日
　　Sunday
　　十五

16　星期一
　　Monday
　　十六

17 星期二
Tuesday
十七

18 星期三
Wednesday
十八

19 星期四
Thursday
十九

20 星期五
Friday
二十

12
月

21 星期六
Saturday
冬至

22 星期日
Sunday
廿二

23 星期一
Monday
廿三

24 星期二
Tuesday
廿四

12
月

25 星期三
Wednesday
廿五

26 星期四
Thursday
廿六

27 星期五
Friday
廿七

28 星期六
Saturday
廿八

12
月

29 星期日
Sunday
廿九

30 星期一
Monday
三十

31

星期二
Tuesday
腊月

本月总结 SUMMARY

12
月

年度回顾

私人年度书单:

关于收获:

关于缺憾:

关于感悟:

关于期许:

四季更替，又是一年回首，感恩所有的遇见。

凡是过往，皆为序章
凡是未来，皆有可期

图书在版编目（CIP）数据

效率手册 . 运动 / 靳一石编著 . —北京：金盾出版社，2023.10
ISBN 978-7-5186-1669-5

Ⅰ . ①效… Ⅱ . ①靳… Ⅲ . ①本册 Ⅳ . ① TS951.5

中国国家版本馆 CIP 数据核字（2023）第 195849 号

效率手册·运动

靳一石 编著

出版发行：金盾出版社		开　本：880mm×1230mm　1/32	
地　　址：北京市丰台区晓月中路 29 号		印　张：8.5	
邮政编码：100165		字　数：200 千字	
电　　话：（010）68176636　68214039		版　次：2023 年 10 月第 1 版	
传　　真：（010）68276683		印　次：2023 年 10 月第 1 次印刷	
印刷装订：北京鑫益晖印刷有限公司		印　数：3000 册	
经　　销：新华书店		定　价：56.80 元	

在感受，在记录，在珍惜